essentials

essentials liefern aktuelles Wissen in konzentrierter Form. Die Essenz dessen, worauf es als „State-of-the-Art" in der gegenwärtigen Fachdiskussion oder in der Praxis ankommt. *essentials* informieren schnell, unkompliziert und verständlich

- als Einführung in ein aktuelles Thema aus Ihrem Fachgebiet
- als Einstieg in ein für Sie noch unbekanntes Themenfeld
- als Einblick, um zum Thema mitreden zu können

Die Bücher in elektronischer und gedruckter Form bringen das Expertenwissen von Springer-Fachautoren kompakt zur Darstellung. Sie sind besonders für die Nutzung als eBook auf Tablet-PCs, eBook-Readern und Smartphones geeignet. *essentials:* Wissensbausteine aus den Wirtschafts-, Sozial- und Geisteswissenschaften, aus Technik und Naturwissenschaften sowie aus Medizin, Psychologie und Gesundheitsberufen. Von renommierten Autoren aller Springer-Verlagsmarken.

Weitere Bände in der Reihe http://www.springer.com/series/13088

Pablo Peyrolón

Der Satz von Bayes

Wahrscheinlichkeitstheorie für Finanzen und Betriebswirtschaft

Pablo Peyrolón
Fachhochschule Wien für Management
und Kommunikation (WKO)
Wien, Österreich

ISSN 2197-6708   ISSN 2197-6716   (electronic)
essentials
ISBN 978-3-658-31022-6   ISBN 978-3-658-31023-3   (eBook)
https://doi.org/10.1007/978-3-658-31023-3

Die Deutsche Nationalbibliothek verzeichnet diese Publikation in der Deutschen Nationalbiblio-
grafie; detaillierte bibliografische Daten sind im Internet über http://dnb.d-nb.de abrufbar.

Planung/Lektorat: Guido Notthoff
Springer Gabler ist ein Imprint der eingetragenen Gesellschaft Springer Fachmedien Wiesbaden
GmbH und ist ein Teil von Springer Nature.
Die Anschrift der Gesellschaft ist: Abraham-Lincoln-Str. 46, 65189 Wiesbaden, Germany

Was Sie in diesem *essential* finden können

- Eine kurze Einführung in die Wahrscheinlichkeitstheorie
- Wie man bedingte Wahrscheinlichkeiten berechnet
- Eine Einleitung zum Satz von Bayes und seinen Einsatzmöglichkeiten
- Reale Beispiele zur Anwendung der Regel von Bayes

Inhaltsverzeichnis

Wahrscheinlichkeiten 1

1.1 Das Spiel mit den Wahrscheinlichkeiten

Menschen sind intuitiv, wenn es um Wahrscheinlichkeiten geht; wir denken aus dem Bauch heraus, anstatt uns etwas mit den Regeln der Wahrscheinlichkeitstheorie zu bemühen. Diese zeigt uns, dass wir lieber nachrechnen sollten, statt dem Bauchgefühl zu folgen – nicht immer, aber oft genug. Es gibt sogar einen wissenschaftlichen Namen für diese Eigenartigkeit unseres Gehirns: *the Neglect of Probability*, die Vernachlässigung der Wahrscheinlichkeit. Psychologische Experimente, die schon 1972 ausgeführt worden sind, zeigen, dass wir sehr schlecht zwischen Risiken unterscheiden können, weil unser Gehirn „zu faul" ist nachzurechnen (es ist nicht direkt „faul", sondern unser Gehirn versucht, sparsam mit der zur Verfügung stehenden Energie umzugehen). Die Wahrscheinlichkeit, von einem Blitz erschlagen zu werden, beträgt 1 zu 10 Mio. und bei einem Flugzeugabsturz zu sterben 1 zu 2,2 Mio.; wenige junge Männer sind sich bewusst, dass es eine 1 zu 124 Wahrscheinlichkeit gibt, zwischen 20 und 30 Jahren impotent zu werden. Dagegen beträgt die Wahrscheinlichkeit, am Essen zu ersticken, „nur" 1 zu 250.000. Kurios sind auch die fünf meist unterschätzten Risiken: Straftatverdacht, Wohnungsbrand, Leitungswasserschaden, ziviler Rechtsstreit und Autopanne. Die fünf meist überschätzten Risiken haben alle mit dem Tod zu tun: tödlicher Terroranschlag, Motorradunfall, Geisterfahrerunfall, Autounfall und tödlicher Fußgängerunfall. Wir liegen also sehr oft daneben, wenn wir Risiken einschätzen; eigene Fähigkeiten werden einfach überschätzt und wir überschätzen Kontrolle und Einfluss, die wir auf unser Umfeld haben. Wir haben Probleme mit dem Zufall, und speziell mit den Zahlen. Bei einer Studie der Deutschen Versicherer kam heraus, dass zum Beispiel nur 37 % der Deutschen wissen, dass eine Milliarde das Produkt von tausend mal einer Million

© Der/die Herausgeber bzw. der/die Autor(en), exklusiv lizenziert durch
Springer Fachmedien Wiesbaden GmbH, ein Teil von Springer Nature 2020
P. Peyrolón, *Der Satz von Bayes,* essentials,
https://doi.org/10.1007/978-3-658-31023-3_1

ist; wenn es um Billionen geht, da liegt kaum jeder fünfte Deutsche richtig. Wenn Regierungen über Milliarden Hilfspakete sprechen, verliert der Durchschnittsbürger den Überblick, oft ohne sich diesen Mangels bewusst zu sein.

Der Zufall ist ein sehr seltsames Phänomen: Fast niemand bezweifelt seine Existenz (aus wissenschaftlicher Sicht), aber wie geht dies einher mit einer präzisen Beschreibung des Universums durch die Wissenschaft? Oder wie können wir systemische Risiken, wie z. B. eine weltweite Pandemie, hervorsagen? Oder welche Theorie hätte die Finanzkrise von 2008 hervorsagen können? War dies alles Zufall oder gab es zu wenige Kenntnisse über Vernetzungen und komplexe Phänomene?

Um Zufall und Wahrscheinlichkeiten geht es in diesem Buch. Besser noch, um eine Formel, die es uns ermöglicht, mit neuen Erkenntnissen unsere Hypothesen zum Ausgang eines Ereignisses zu verfeinern, zu verbessern. Diese Formel ist der Satz von Bayes: ein Gesetz der Wahrscheinlichkeitstheorie, insbesondere der bedingten Wahrscheinlichkeit (später mehr dazu). Er hilft uns, Wahrscheinlichkeiten zu überprüfen und zu verstehen, wenn wir neue Informationen erhalten. So können wir unseren Unglauben quantifizieren und fundierte und rationale Entscheidungen treffen. Das Bayes-Theorem vereinfacht vieles und ermöglicht uns die Beantwortung der folgenden Frage: Inwieweit sollte sich unser Vertrauen in einen vorher festgelegten Glauben ändern, wenn wir mit neuen Informationen konfrontiert werden? Ich weiß etwas, aber dann erhalte ich neue Informationen darüber, dass die Eintrittswahrscheinlichkeit des ursprünglichen Ereignisses variiert. Eine richtige Verwendung des Satzes von Bayes durch die Allgemeinheit könnte Spekulationsblasen verhindern, oder zumindest ihre negativen Effekte lindern. Hysterie, Angst und Unvernunft sind kurzfristige treibende Kräfte der Finanzmärkte (Klein 2005). Eben, wir sind schlecht mit Zahlen, Einschätzung von Risiken und Gefühlskontrolle.

Wie wir auf den nächsten Seiten sehen werden, umfassen die praktischen Anwendungen des Bayes-Theorems so unterschiedliche Bereiche wie Wirtschaft, Medizin, Finanzen, Informationstechnologie, Robotics oder Spieltheorie. Historisch betrachtet hat der Bayes-Satz zu bedeutenden Durchbrüchen geführt. Der Satz wurde verwendet, um den berüchtigten Nazi-Enigma-Code im Zweiten Weltkrieg zu knacken. Alan Turing, britischer Mathematiker, verwendete das Bayes-Theorem, um die Übersetzungen von der Enigma-Verschlüsselungsmaschine zu bewerten. Mithilfe von Wahrscheinlichkeitsmodellen konnten Turing und seine Kollegen die nahezu unbegrenzte Anzahl möglicher Übersetzungen anhand der Nachrichten aufschlüsseln, die am wahrscheinlichsten übersetzbar waren, und letztendlich den deutschen Nachrichten-Code knacken. In einem Satz:

Das Bayes-Theorem ist ein mathematisches Modell, das auf Statistik und Wahrscheinlichkeit basiert und darauf abzielt, die Wahrscheinlichkeit eines Szenarios anhand seiner Beziehung zu einem anderen Szenario zu berechnen (die genaue Formel kommt in Kap. 2). Ein Beispiel: die Wahrscheinlichkeit, innerhalb von drei Stunden eine Runde Golf zu Ende zu spielen, hängt von verschiedenen Szenarien oder Rahmenbedingungen ab: von der Zeit der vorherigen Runde, wo und wie oft Sie Ihren Ball treffen oder daneben schlagen, dem Golfplatz, auf dem Sie spielen, die Anzahl der Personen, mit denen Sie spielen, die Tageszeit, die Anzahl von Personen, die vor Ihnen spielen... Also von mehreren Szenarien oder Umständen.

Die Finanzmärkte sind riskant und ungewiss, manchmal regiert bei ihnen sogar Chaos. Deswegen haben die Märkte einen spielerischen Reiz, der einem Casino-Spiel gleichkommt und bei dem Illusion und Angst unser Gehirn kitzeln. Im Allgemeinen ist die Wirtschaft wegen ihrer Komplexität ziemlich ungewiss; deswegen braucht man so viele Ökonomen für eine schlechte Prognose. Ob der US-Dollar oder Schweizer Franken in der nächsten Stunde steigen wird, ist praktisch unvorhersehbar. Die Finanzmärkte sind ein chaotisches System, in dem wir im besten Fall Tendenzen berechnen können. Eine Volkswirtschaft ist quasi ein chaotisches System, in dem Millionen vernetzte Entscheidungen gleichzeitig getroffen werden; chaotische Systeme sind eingeschränkt vorhersehbar. In diesen Szenarien sind die Standardmodelle, die wir in der Ökonomie benutzen, nicht ganz richtig. Deswegen arbeiten Ökonomen seit einigen Jahren mit Wissenschaftlern anderer Disziplinen, z. B. Biologie, Physik und Epidemiologie, um neue Erkenntnisse zu gewinnen und langsam ein Umdenken in die ökonomische Theorie zu zwingen (höchste Zeit dafür!). Man sucht etwa Systeme in der Biologie oder in der Ökologie, die sich ähnlich wie das Finanzsystem verhalten, z. B. Bienen- oder Ameisenvölker als Vorbild für eine funktionierende und effiziente Gesellschaft. Mathematische Modelle sind immer noch notwendig, um Modelle wie z. B. Entscheidungsvernetzung (stark präsent im Finanzsystem) zu analysieren und Prognosen zu stellen.

2020 brach weltweit die Coronavirus-Pandemie aus. Viele der mathematischen Werkzeuge, die wir zur Charakterisierung der Ausbreitung des Covid-19-Coronavirus oder eines anderen infektiösen Erregers verwenden, basieren auf der bayesschen Inferenz, ebenso wie die DNA-Sequenzvergleichstechniken, die zur Analyse des Genoms eines Lebewesens notwendig sind. Eine Methode, die ihre eigenen Vorhersagen korrigiert, wenn neue Daten eintreffen, scheint optimal zu sein, um die Entwicklung von Genen und Arten zu analysieren, und die Ergebnisse zeigen immer noch täglich die Relevanz der Arbeit von Bayes.

1.2   Klassische Wahrscheinlichkeitsrechnung

Um den Satz von Bayes zu verstehen und anzuwenden benötigt man keine großartigen mathematischen Kenntnisse. Wir brauchen lediglich drei Grundbegriffe:

- Versuch oder Experiment
- Ereignis
- Wahrscheinlichkeit oder Probabilität

Wir erklären diese Konzepte anhand eines einfachen *Beispiels:*

Der Versuch (oder das Experiment) könnte darin bestehen, einen Würfel oder auch eine Münze zu werfen, oder auf bestimmte Aktien in den Finanzmärkten zu „wetten". Bei einem „normalen" Würfel haben wir sechs verschiedene Ereignisse, nämlich die Zahlen 1 bis 6, die gewürfelt werden können. Also sind die Ereignisse die Ergebnisse, die beim Experiment herauskommen können. Natürlich gibt es viele Experimente, bei denen man die Ergebnisse, die Resultate, im Vorhinein gar nicht vorhersehen kann (z. B. die Entdeckung von Penicillin).

Bei dem Würfelexperiment ist die Menge aller Elementarereignisse $\{1,2,3,4,5,6\}$; bei der Münze haben wir zwei Elementarereignisse $\{$Zahl, Kopf$\}$. Je zwei Elementarereignisse schließen sich gegenseitig aus (man kann nicht gleichzeitig eine 3 und eine 4 werfen; wir können auch nicht gleichzeitig Zahl und Kopf beim Münzwurf erreichen); bei den Aktien haben wir auch zwei mögliche Ereignisse, die sich gegenseitig ausschließen: in einem gegebenen Zeithorizont steigt der Preis der Aktie entweder oder er sinkt; der US-Dollar steigt in einem beschränkten Zeitraum gegenüber dem Schweizer Franken oder er sinkt. Jedes Ereignis, das man sich vorstellen kann, kann durch Zusammenfassen von Elementarereignissen erreicht werden. Man kann etwa eine 8 erreichen, indem man zuerst eine 5 und dann eine 3 würfelt, also indem man zwei Elementarereignisse zusammenfügt, $3+5=8$. Man kann aber auch Teilmengen bilden. So könnten wir z. B. verlangen, dass man eine gerade Zahl wirft; in diesem Fall wäre die Menge der Ereignisse gleich $\{2,4,6\}$. Man könnte aber auch sagen, man werfe eine Primzahl (eine Primzahl ist eine Zahl, die nur durch sich selbst und durch 1 teilbar ist; aber: die 1 ist keine Primzahl), dann wäre die Teilmenge der Ereignisse gleich $\{2,3,5\}$. Wenn wir mit einem einzigen Wurf eine 8 werfen müssten, dann wäre die Menge der Ereignisse leer, denn es ist unmöglich, mit einem Würfel mit sechs Gesichtern eine 8 zu würfeln. Die leere Menge beschreibt man in der Mathematik mit folgendem Symbol: $\emptyset$, oder einfach $\{\ \}$.

Nun kommen wir zum Konzept der Wahrscheinlichkeit. In der Schule lernen wir die Rechenregel der Wahrscheinlichkeit eines Ereignisses in einem Satz: „Die Wahrscheinlichkeit eines Ereignisses ist gleich der Anzahl der günstigen Möglichkeiten geteilt durch die Anzahl aller Möglichkeiten". Die „günstigen Möglichkeiten" werden gesucht, z. B. ein Sechser im Lotto. Und um den Satz von Bayes zu benutzen reicht es, wenn man die Wahrscheinlichkeit eines Ereignisses ausrechnen kann. Nehmen wir unseren Würfel mit sechs Zahlen.

Die Anzahl aller möglichen Ereignisse ist $(\Omega) = \{1,2,3,4,5,6\}$, also haben wir insgesamt sechs Möglichkeiten. Die Wahrscheinlichkeit, dass irgendeines dieser Ereignisse auftritt, ist gleich eins, da logischerweise irgendeine Zahl erscheinen muss, wenn wir den Würfel werfen. Also muss die Summe aller Wahrscheinlichkeiten der verschiedenen möglichen Ereignisse gleich 1 sein, weil mit Sicherheit eines der möglichen Ereignisse auftreten wird:

$$\text{Für } P(z) = 1/6 \text{ mit } z = \{1,2,3,4,5,6\} \tag{1.1}$$

Also $1/6 + 1/6 + 1/6 + 1/6 + 1/6 + 1/6 = 1$.

Wenn wir oben genannte Definition verwenden, dann müssen wir die Anzahl der günstigen Möglichkeiten, in diesem Fall $\{1,2,3,4,5,6\}$, teilen durch die Anzahl aller Möglichkeiten, auch 6: (P steht für Probabilität, also für Wahrscheinlichkeit).

$$P(OMEGA) = 6/6 = 1 \tag{1.2}$$

Nehmen wir jetzt an, wir wollen die Wahrscheinlichkeit ausrechnen, eine 5 zu werfen. Wir machen wieder das Gleiche: Anzahl der günstigen Möglichkeiten (das, was wir suchen): 1 (da der Würfel nur eine 5 besitzt) geteilt durch die Anzahl aller Möglichkeiten: 6 (wie oben erklärt):

$$P(5) = 1/6 \tag{1.3}$$

Das heißt, wenn man den Würfel sechsmal wirft, sollte einmal die 5 rauskommen – „sollte", nicht muss! Die Erklärung folgt weiter unten.

Machen wir es ein bisschen komplizierter: wir wollen jetzt die Wahrscheinlichkeit berechnen, entweder eine 3 oder eine 6 zu würfeln. Wir wissen, dass $P(3) = 1/6$ ist, genau wie $P(6) = 1/6$. Jetzt müssen wir nur beide Wahrscheinlichkeiten zusammenrechnen:

$$\text{Eine 3 oder eine 6 würfeln} = P(3) + P(6) = 1/6 + 1/6 = 2/6 = 1/3 \tag{1.4}$$

Die Wahrscheinlichkeit, dass wir 1, 3 oder 5 würfeln, wäre dann:

$$P(1) + P(3) + P(5) = 1/6 + 1/6 + 1/6 = 3/6 = 1/2 \tag{1.5}$$

Das heißt: Die Hälfte aller unserer Würfe sollte eine 1, eine 3 oder eine 5 ergeben (wieder „sollte", nicht „muss").

Ganz wichtig: wir sprechen davon, dass die Hälfte aller Würfe eine 1, eine 3 oder eine 5 ergeben SOLLTE, es muss aber nicht passieren. Nur wenn wir unendlich oft werfen würden (was unmöglich ist, aber wir können zu unendlich tendieren), würden wir die Hälfte der Male eine 1, 3 oder 5 bekommen. Würden wir das Experiment sehr oft wiederholen (tendenziell bis ins Unendliche), dann würde sich die empirische Wahrscheinlichkeit (entstanden durch den Wurf des Würfels) der idealen Wahrscheinlichkeit annähern (die 1/2 die wir in Gl. 1.5 ausgerechnet haben); dies ist eine einfache Erklärung des sogenannten Gesetzes der großen Zahlen. Noch deutlicher ist es beim Münzwurf: Die Wahrscheinlichkeit für Zahl oder Kopf beträgt 1/2. Jedes zweite Mal sollte also Kopf kommen, es kann aber durchaus passieren, dass wir zehnmal die Münze werfen und neunmal Kopf rauskommt und nur einmal Zahl. Wäre das nicht der Fall, dann würden sehr viele Menschen Casinos als Millionäre verlassen. Deswegen muss man mit Wahrscheinlichkeiten vorsichtig sein: Es heißt nicht, dass etwas eintreten wird, sondern nur, dass etwa bei der Hälfte der Würfe einer Münze (eine hohe Zahl) Kopf herauskommen wird und Zahl bei den restlichen 50 %. Die Probabilitätszahlen geben uns also keine Sicherheit, deswegen heißt es ja auch Wahrscheinlichkeit. Die Wahrscheinlichkeit ist ein quantitatives Maß für den Grad der Möglichkeit, mit dem ein Ereignis zur Wirklichkeit werden kann… Werden kann! (Deswegen liegen auch so viele ökonomische Prognosen daneben).

Nachdem wir das geklärt haben, können wir unsere Beispiele etwas komplizierter gestalten. Wir wollen jetzt unseren Würfel zweimal werfen. Wie groß ist dabei die Wahrscheinlichkeit, dass wir mindestens eine 5 werfen? Für den ersten Wurf, wie schon gesehen, haben wir eine Wahrscheinlichkeit von 1/6; für den zweiten Wurf haben wir ebenfalls eine Wahrscheinlichkeit von 1/6. Wir müssen mindestens einmal die 5 werfen, also ist die Wahrscheinlichkeit dafür $1/6 + 1/6 = 1/3$. Was, wenn wir die Wahrscheinlichkeit berechnen wollen, dass wir genau zwei Fünfer würfeln? In diesem Fall müssen wir nicht ein „oder" sondern ein „und" berechnen: dass beim ersten Wurf eine 5 herauskommt UND dass auch beim zweiten Wurf eine 5 herauskommt. In diesem Fall müssen wir beide Probabilitäten multiplizieren, wir wenden die Multiplikationsregel (oder Multiplikationssatz) an:

$$P(5 \text{ und } 5) = 1/6 * 1/6 = 1/36 \tag{1.6}$$

Was ist die Multiplikationsregel?
Die Wahrscheinlichkeit, dass sowohl Ereignis A als auch Ereignis B eintreten werden ist:

$$P(A \cap B) = P(A) * P(B|A) \tag{1.7}$$

Also, die Wahrscheinlichkeit, dass A und B eintreten ist gleich der Wahrscheinlichkeit von A mal der Wahrscheinlichkeit von B, vorausgesetzt B.

Also ist die Wahrscheinlichkeit des gemeinsamen Auftretens zweier voneinander unabhängiger Ereignisse gleich dem Produkt ihrer Einzelwahrscheinlichkeiten:

$$P(A \text{ und } B) = P(A) * P(B) \tag{1.8}$$

Generell gilt:

$$P(A \text{ und } B) = P(A) * P(B|A) = P(B) * P(A|B) \tag{1.9}$$

wobei

- P(A), die Wahrscheinlichkeit des Eintretens von Ereignis A ist, und
- P(B|A), die Wahrscheinlichkeit, dass das Ereignis A das Ereignis B nach sich zieht, oder anders ausgedrückt, die Wahrscheinlichkeit von B vorausgesetzt A.

Deutlicher wird es bei folgendem *Beispiel:*
Nehmen wir an, wir haben eine Urne mit 13 Kugeln, 6 sind schwarz und 7 weiß. Wir entnehmen aus der Urne zwei Kugeln, ohne die erste wieder zurückzulegen. Wie hoch ist bei diesem Experiment die Wahrscheinlichkeit, dass sowohl die erste als auch die zweite Kugel schwarz sind? Um dieses Szenario visuell darzustellen, benutzen wir ein Baumdiagramm oder Wahrscheinlichkeitsbaum. Die Ecken dieser Bäume repräsentieren Zufallsverzweigungen und die Kanten stehen für die entsprechenden Ereignisse. Jeder Kante wird eine Zahl zugeordnet: Die Wahrscheinlichkeit für das Eintreten des Ereignisses, das die Kante darstellt. Noch klarer wird es, wenn man es sieht (Abb. 1.1)
Es befinden sich nur 6 schwarze Kugeln von insgesamt 13 in der Urne, d. h. die Wahrscheinlichkeit, beim ersten Versuch eine schwarze Kugel zu entnehmen, ist gleich 6/13. Da wir die Kugel nicht mehr zurücklegen, verändert sich die Wahrscheinlichkeit, eine weitere schwarze Kugel zu ziehen. Jetzt gibt es in der Urne nur noch 5 schwarze Kugeln von insgesamt 12 Kugeln. So ist bei der zweiten Entnahme die Wahrscheinlichkeit, eine schwarze Kugel zu entnehmen, auf 5/12 gesunken. Diese Informationen in Verbindung mit dem Multiplikationssatz lassen uns die Wahrscheinlichkeit des Ereignisses A (Schwarz bei der ersten und bei der zweiten Entnahme) berechnen:

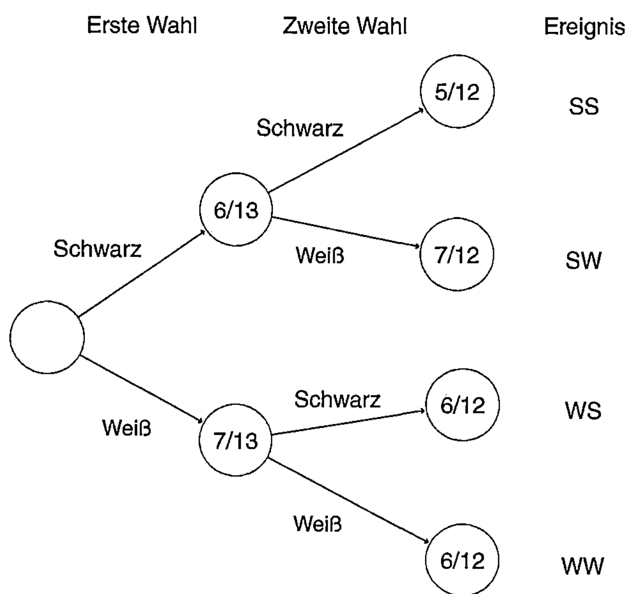

Abb. 1.1 Baumdiagramm; A = (Schwarz erste Entnahme) ∩ (Schwarz zweite Entnahme)

$$P(A) = (\text{schwarz bei der ersten Entnahmen}) \cap (\text{schwarz bei der zweiten Entnahme})$$

$$= P(\text{schwarz bei der ersten Entnahme})$$

$$* P(\text{schwarz bei der zweiten Entnahme}|\text{schwarz bei der ersten Entnahme})$$

$$= (6/13) * (5/12) = 30/156 = 5/26 \tag{1.10}$$

Dies bedeutet, dass man unabhängige Ereignisse daran erkennen kann, dass die Wahrscheinlichkeit für ihr gleichzeitiges Eintreten gleich dem Produkt ihrer Einzelwahrscheinlichkeit ist, wenn sie voneinander unabhängig sind!

Was sind „voneinander unabhängige" Ereignisse?
Voneinander unabhängige Ereignisse sind z. B. die Würfelaugenzahlen zweier Würfe (oder eines Wurfes mit zwei Würfeln). Also, zwei Ereignisse sind unabhängig, wenn es für die Wahrscheinlichkeit des einen bedeutungslos ist, ob man etwas über das andere Ereignis weiß oder nicht. Zu wissen, ob morgen die Sonne scheinen wird ist bedeutungslos für die Wahrscheinlichkeit, dass ich im Lotto gewinne. Aber die Tatsache, dass es regnet gibt uns eine eindeutige Information darüber, ob die Straßen nass sein werden oder nicht.

Machen wir weiter mit unserem Würfelexperiment. Nun erhöhen wir wieder ein bisschen die Schwierigkeit unserer Berechnungen: Wie hoch ist die Wahrscheinlichkeit, mit zweimaligem Werfen eines Würfels, mindestens eine 8 zu erreichen, ohne zu wissen, was im ersten Wurf erzielt wurde? Nun beginnt die Überlegung, die wie folgt aussieht: Es gibt mehrere Möglichkeiten, wie wir zu einer 8 kommen könnten. Wir könnten zuerst eine 2 werfen und dann eine 6, oder wir könnten zuerst eine 5 werfen und dann eine 3. Beides zusammengerechnet ergibt 8, aber es sind verschiedene Kombinationen von Zahlen. Und wir sprachen ja von „mindestens", das heißt, wenn ich zuerst eine 3 werfe, dann müsste ich beim zweiten Wurf eine 5 oder eine 6 werfen, damit ich mindestens eine 8 bekomme. Oder wenn ich zuerst eine 4 werfe, dann müsste ich beim zweiten Wurf entweder wieder eine 4, eine 5 oder eine 6 werfen, um mindestens eine 8 zu erreichen. Tab. 1.1 zeigt uns die möglichen Kombinationen beim Werfen von zwei Würfeln.

Insgesamt sind es 36 verschiedene Möglichkeiten (sechsmal 6, weil wir ja zweimal unter 6 Zahlen (mit Wiederholung) auswählen). Jetzt müssen wir nur noch die Kombinationen aussuchen, die mindestens eine 8 ergeben. Die erste Zeile der möglichen Kombinationen (Tab. 1.1) können wir außer Acht lassen, da uns keine Zahl mit eins zu mindestens 8 bringt. Wenn wir die zweite Zeile ansehen, dann gibt es nur eine Möglichkeit, nämlich 2 und 6, also beträgt hier die Wahrscheinlichkeit 1/36. Bei der dritten Zeile gibt es zwei Möglichkeiten, 3 und 5, und 3 und 6, also beträgt hier die Wahrscheinlichkeit 2/36. Bei der vierten Zeile haben wir drei Möglichkeiten, nämlich (4,4), (4,5) und (4,6), die Wahrscheinlichkeit ist 3/36. In der fünften Zeile haben wir vier Möglichkeiten, mindestens eine 8 zu erreichen: (5,3), (5,4), (5,5) und (5,6), also ist die Wahrscheinlichkeit gleich 4/36. Und in der sechsten und letzten Zeile haben wir fünf Möglichkeiten: (6,2), (6,3), (6,4), (6,5) und (6,6), also ist die Wahrscheinlichkeit 5/36. Jetzt müssen wir nur noch diese Wahrscheinlichkeiten zusammenrechnen, wie oben gesehen:

Tab. 1.1 Zwei Würfel ergeben folgende Kombinationen

(1,1),	(1,2),	(1,3),	(1,4),	(1,5),	(1,6)
(2,1),	(2,2),	(2,3),	(2,4),	(2,5),	(2,6)
(3,1),	(3,2),	(3,3),	(3,4),	(3,5),	(3,6)
(4,1),	(4,2),	(4,3),	(4,4),	(4,5),	(4,6)
(5,1),	(5,2),	(5,3),	(5,4),	(5,5),	(5,6)
(6,1),	(6,2),	(6,3),	(6,4),	(6,5),	(6,6)

$$P(\text{mindestens eine 8 zu erreichen}) = 1/36 + 2/36 + 3/36 + 4/36 + 5/36$$
$$= 15/36 = 5/12 \tag{1.11}$$

Die Wahrscheinlichkeit, mit zwei Würfen mindestens eine 8 zu erreichen, beträgt also 5/12.

Nehmen wir an, wir wissen, dass wir beim ersten Wurf eine 4 bekommen haben. Jetzt haben wir also eine zusätzliche Information darüber, was beim ersten Wurf herausgekommen ist. Diese zusätzliche Information verändert unsere Berechnungen. Wie wir wissen, beträgt die Wahrscheinlichkeit, eine 4 zu werfen, 1/6; nun müssen wir eine 4, eine 5 oder eine 6 bekommen, die Wahrscheinlichkeit ist 3/6. Also, mit dem Wissen, dass Sie eine 4 geworfen haben, haben Sie nun 3/6 = 1/2 Wahrscheinlichkeit, mindestens 8 zu erreichen. 1/2 ist gleich 6/12 und dies ist höher als die Wahrscheinlichkeit, die wir oben ausgerechnet haben (5/12). Wie ist das möglich? Wir sind ja immer noch im gleichen Experiment! Im ersten Fall haben wir die Wahrscheinlichkeiten ausgerechnet, ohne zu wissen, welche Zahl zuerst herausgekommen ist; im zweiten Fall wissen wir, dass wir zuerst eine 4 bekommen haben, und mit diesem Wissen berechnen wir die Wahrscheinlichkeit, dass wir eine 4, eine 5 oder 6 bekommen. Im zweiten Fall, wo die Wahrscheinlichkeit, mindestens eine 8 zu bekommen, 6/12 beträgt, haben wir also zusätzliche Informationen in Betracht gezogen, nämlich zuerst eine 4 gewürfelt zu haben. Wir ziehen also das Ergebnis des ersten Wurfes in Betracht, um die Wahrscheinlichkeit zu berechnen, dass wir mindestens zu einer 8 kommen (mit Vorwissen). Diese Art von Wahrscheinlichkeiten heißt „bedingte Wahrscheinlichkeiten": das sind Wahrscheinlichkeiten, die mit zusätzlicher Information berechnet werden.

Was ist die bedingte Wahrscheinlichkeit?
Generell sprechen wir von bedingter Wahrscheinlichkeit, wenn wir die Wahrscheinlichkeit berechnen, dass ein Ereignis A eintritt, wenn wir zusätzlich wissen, dass Ereignis B eingetreten ist. Man schreibt P(A|B), also „die Wahrscheinlichkeit von A unter der Voraussetzung von B". Die Formel zur Berechnung der bedingten Wahrscheinlichkeit lautet:

$$P(A|B) = (P(A \cap B))/P(B) \tag{1.12}$$

$P(A \cap B)$ steht für die Wahrscheinlichkeit, dass Ereignis A UND B ($\cap$) eintreten, im Gegensatz zu $P(A \cup B)$, der Wahrscheinlichkeit, dass das Ereignis A oder B ($\cup$) eintreten. Wie sieht das in unserem Beispiel aus? Das Ereignis A ist, mit zwei Würfen mindestens eine 8 zu erreichen. Das Ereignis B ist, beim ersten Wurf eine

4 zu erreichen; die Wahrscheinlichkeit, beim ersten Wurf eine 4 zu erreichen, beträgt 1/6. A∩B steht dafür, mindestens eine 8 zu erreichen, mit dem Wissen, dass wir eine 4 geworfen haben. Das sind die Kombinationen (4,4), (4,5) und (4,6), also drei der 36 möglichen Paare (siehe Tab. 1.1); also beträgt die Wahrscheinlichkeit von P(A∩B) 3/36. Nun setzen wir diese Zahlen in die obige Formel und erhalten:

$$P(A|B) = (P(A \cap B))/P(B) = (3/36)/(1/6) = 18/36 = 6/12 = 1/2 \quad (1.13)$$

Dies ist also genau das gleiche Ergebnis, das wir oben mit deutlich mehr Aufwand ausgerechnet haben.

Nehmen wir die bedingte Wahrscheinlichkeit etwas auseinander (damit werden wir in Kap. 2 den Satz von Bayes besser verstehen). Wir denken normalerweise in „Kausalzusammenhängen", d. h. „Aktion → Wirkung" oder „Ursache → Wirkung". So können wir auch bei der bedingten Wahrscheinlichkeit denken, etwa: es hat geregnet → die Straßen sind nass; es brennt → es gibt Rauch. In diesen Beispielen haben wir deutliche Kausalzusammenhänge: die Ursache ist Regen, die Wirkung sind nasse Straßen; die Ursache ist Feuer, die Wirkung ist Rauch. Wir schreiben in der bedingten Wahrscheinlichkeit:

P(Wirkung|Ursache), die Wahrscheinlichkeit der Wirkung, wenn die Ursache vorliegt. Wenn wir B als Wirkung und A als Ursache betrachten, dann schreiben wir.

$$P(B) = P(B|A) * P(A) \quad (1.14)$$

Mit

- P(B)   Wahrscheinlichkeit eines Ereignisses B.
- P(A)   Wahrscheinlichkeit eines Ereignisses A.
- P(A|B) Wahrscheinlichkeit, dass A das Ergebnis B nach sich zieht

z. B.:

$$P(\text{Straße nass}) = P(\text{Straße nass}|\text{Regen}) * P(\text{Regen}) \quad (1.15)$$

Die Ökonomie arbeitet oft mit der bedingten Wahrscheinlichkeit. Nehmen wir an, die Inflation steigt und wir wollen wissen, ob sich deswegen die Zentralbank entscheiden wird, die Zinsen zu erhöhen, um die Inflation zu bekämpfen. Offensichtlich brauchen wir zuerst die Wahrscheinlichkeit einer Steigerung der Inflation. Zweitens berechnen wir die Wahrscheinlichkeit, dass die Zinsen erhöht werden, wenn die Inflation gestiegen ist; jetzt müssen wir nur noch die Multiplikationsregel anwenden (Gl. 1.7). Also sieht es so aus:

$$P(\text{Zinsen erhöhen}) = P(\text{Zinsen erhöhen}|\text{Inflation steigt}) * P(\text{Inflation}) \qquad (1.15)$$

Wir könnten dies erweitern und ausrechnen, was mit dem Aktienindex geschehen würde, wenn die Zinsen erhöht werden (z. B., weil die Inflation gestiegen ist). Wir könnten dann folgende Arbeitshypothese aufstellen:

Ursache = Zinserhöhung
Wirkung = Sinken des Aktienindex.

Im folgenden Kapitel benutzen wir das gewonnene Wissen (besonders über die bedingte Wahrscheinlichkeit), um den Satz von Bayes im Detail zu erklären.

Kurze Zusammenfassung
- Unser Gehirn kann – aus Spargründen – schlecht mit dem Zufall umgehen („The Neglect of Probability").
- Die einfache Wahrscheinlichkeit eines Ereignisses ist gleich der Anzahl der günstigen Möglichkeiten geteilt durch die Anzahl aller Möglichkeiten.
- Die bedingte Wahrscheinlichkeit hilft uns, zusätzlich gewonnene Informationen einzuberechnen. Wir verwenden dann die Multiplikationsregel.
- Ein Wahrscheinlichkeitsbaum oder Baumdiagramm ist ein visuelles Hilfsmittel zur Darstellung von Zufallsprozessen.

Definition des Satzes von Bayes oder das Bayes-Theorem

2

2.1 Zufall gibt es nicht, oder?

Glück oder Zufall spielen eine wichtige Rolle in unserem Leben. Oft bestimmt größtenteils der Zufall unsere Biografie. Hätte ich damals den Bus nicht verpasst, dann hätte ich dich nicht gesehen und mein Leben wäre bestimmt anders verlaufen. Oder hätte sich der Blitz um nur 10 m geirrt, dann wäre ich mit Sicherheit nicht, wo ich jetzt bin. Zufall bestimmt wichtige Lebenswege und das schlimme ist, dass er unterschätzt wird, oder noch schlimmer, gar nicht wahrgenommen; unser Gehirn kann evolutionsbedingt schlecht mit der Wahrnehmung des Zufalls umgehen (s. Kap. 1). Taleb (2013) beschreibt die „glücklichen Narren: Ein Mensch, der von unverhältnismäßig viel Glück profitieren kann, seinen Erfolg aber anderen, meist sehr präzisen Gründen zuschreibt". So sind Menschen eben. Die Erde hat 7,5 Mrd. Menschen, und bei jedem Einzelnen hat der Zufall etwas Wichtiges zu sagen; wenn wir jetzt all diese 7,5 Mrd. Zufallsvariablen zusammen interagieren lassen, dann kommen wir zu einem System, das auf den ersten Blick komplett unberechenbar scheint, aber zum Glück teilweise doch berechenbar ist. Die Stochastik, ein Teilgebiet der Mathematik, das die Wahrscheinlichkeitstheorie und mathematische Statistik umfasst, widerspricht dieser Aussage. Stochastik kommt aus dem Altgriechischen und bedeutet „Vermuten"; noch schöner ist es im Lateinisch, *ars conjectandi,* also „Kunst des Vermutens" oder „Ratekunst". So beschäftigt sich die Stochastik mit der Einschätzung unklarer oder ungewisser Situationen. Mit den Instrumenten der Wahrscheinlichkeitsrechnung können wir solche Situationen modellieren oder formalisieren, um möglichen Ereignissen bestimmte Grade von Gewissheit zuzuweisen. Beim Werfen einer Münze gibt es eine fünfzigprozentige Wahrscheinlichkeit, dass „Kopf" als Ergebnis eintritt; das Gleiche gilt natürlich auch für das Ergebnis „Zahl". So wird zu jedem Ereignis

© Der/die Herausgeber bzw. der/die Autor(en), exklusiv lizenziert durch
Springer Fachmedien Wiesbaden GmbH, ein Teil von Springer Nature 2020
P. Peyrolón, *Der Satz von Bayes,* essentials,
https://doi.org/10.1007/978-3-658-31023-3_2

eines Zufallsexperiments eine Eintrittswahrscheinlichkeit zugeordnet (50 %, dass beim Experiment „Münze werfen" das Ergebnis „Kopf" eintritt). Glücksspiele sind offensichtlich sehr beliebt bei der Anwendung der Wahrscheinlichkeitstheorie. Verschiedene Instrumente, Formeln und Theoreme bilden die Wahrscheinlichkeitstheorie (einige wichtige Grundlagen kennen wir schon aus Kap. 1). Ein wichtiger Satz von der Wahrscheinlichkeitstheorie ist der Satz von Bayes, mit dem wir uns hier intensiv beschäftigen werden.

2.2   Der Satz von Bayes

Beginnen wir am besten mit einem Beispiel:

In der Abteilung für Schmerztherapie eines Krankenhauses bekommen 10 % der Patienten starke, süchtig machende Medikamente gegen die Schmerzen. 5 % der Patienten dieses Krankenhauses leiden unter Tablettensucht und 8 % aller Leute, denen das Schmerzmittel verordnet wird, sind tablettensüchtig. Wenn ein Patient süchtig ist, wie hoch ist die Wahrscheinlichkeit, dass er die Tabletten bekommt?

Um solche Fragen zu beantworten, benutzt man den Satz von Bayes (auch Regel von Bayes oder Bayes-Theorem genannt). Der Satz von Bayes wurde im 18. Jahrhundert von Thomas Bayes entdeckt oder erfunden (sind mathematische Objekte eine Erfindung oder eine Entdeckung? Darüber müssten wir ein neues, langes und interessantes Buch schreiben). Thomas Bayes war ein Priester aus London, der Theologie und Logik an der Universität von Edinburgh studierte und ein Liebhaber der Mathematik war. Das Theorem wurde erst nach seinem Tod veröffentlicht, als sein Freund, Richard Price, es im Jahre 1762 entdeckte. Bayes wollte die Wahrscheinlichkeit eines zukünftigen Ereignisses errechnen, von dem er nichts wusste, außer, wie sich ein ähnliches Ereignis in der Vergangenheit verhalten hat. (Finanzanalysten verwenden auch die technische Analyse, um die Zukunft von Aktien und anderen Finanzinstrumenten mittels Daten aus der Vergangenheit zu ermitteln). So wurde der erste Stein für die bedingte Wahrscheinlichkeit gelegt. In der Zwischenzeit arbeitete in Frankreich um 1774 der Mathematiker Pierre-Simon Laplace auch an diesem Theorem, ohne Kenntnisse von der Arbeit von Bayes zu haben. Anfang des 19. Jahrhunderts entwickelte er die Formel, die wir heute als Satz von Bayes kennen.

Bayes versuchte, inverse Wahrscheinlichkeiten zu beschreiben, um damit von der Wirkung auf die Ursache schließen zu können; eine Idee, die eigentlich gegen unsere Intuition arbeitet, da wir normalerweise von der Ursache zur Wirkung denken. So machte sich Bayes an die Arbeit, um Wahrscheinlichkeiten für das Auftreten zukünftiger Ereignisse zu formulieren. Dazu hatte er die Idee, von einer ersten Einschätzung auszugehen und diese anzupassen, sobald neue Informationen bereitstanden. Und dabei handelt es sich um die wichtigste Idee von Bayes: Welchen Einfluss hat neues Wissen auf die von mir gedachte Wahrscheinlichkeit eines bestimmten Ereignisses? Dieses „neue Wissen" führt uns zur bedingten Wahrscheinlichkeit: mit dem Wissen, dass A schon geschehen ist, wie hoch ist die Wahrscheinlichkeit, dass Ereignis B eintritt (wir gehen davon aus, dass A einen Einfluss auf B hat)? Bevor wir zur mathematischen Formel kommen, schauen wir uns ein Beispiel der Grippe an.

Nehmen wir an, Sie sind zu Hause, haben Mittag gegessen und fühlen sich plötzlich schlecht. Schüttelfrost, die Nase beginnt zu laufen und leichten Husten haben Sie auch. Haben Sie vielleicht eine Grippe bekommen? Sie wissen, dass 90 % der Leute, die die Grippe haben, auch unter ähnlichen Symptomen leiden. Bedeutet das, dass Sie die Grippe haben? Sie haben aber auch in der Zeitung gelesen, dass 10 % der Bevölkerung in diesem Jahr die Grippe haben werden. Zusätzlich finden Sie eine Statistik, die besagt, dass 25 % der Bevölkerung jedes Jahr eine triefende Nase, leichten Husten und Schüttelfrost haben. Und jetzt kommt die Frage: Haben Sie die Grippe? Die Antwort bekommen wir mit dem Satz von Bayes. Also höchste Zeit, mit der Formel zu beginnen.

2.3   Die Formel von Bayes (oder der Satz von Bayes)

Beim Grippe-Beispiel haben wir eine Hypothese aufgestellt: „Ich glaube, ich habe die Grippe, weil ich an diesem und jenem Symptom leide. Zusätzlich haben wir verschiedene Informationen gelesen, die etwas zu diesen Symptomen zu sagen haben". Wie Sie sehen, haben wir Wirkung und Ursache vertauscht, was gegen unser „normales" Denken verstößt. Die Ursache der genannten Symptome könnte die Grippe sein, und die Symptome die Wirkung. In diesem Fall wissen wir, dass wir die Symptome (Wirkung oder Ergebnis) haben, und wir fragen uns, ob wir an der Grippe (Ursache) leiden. Man muss sich die Formel von Bayes so vorstellen: Wir haben eine Hypothese über das Ergebnis, bekommen aber neue zusätzliche Informationen, und mit Anwendung der Formel verändern wir unsere Anfangshypothese, um die neue Wahrscheinlichkeit zu berechnen. Wenn wir den Satz von Bayes anwenden, sind wir „gezwungen", alle vorhandenen Informationen zu verwenden und mit jeder neuen Erkenntnis unsere Hypothese zu korrigieren.

Um das Problem mit der Grippe klarer zu machen, verwenden wir die Visualisierungsmethode von Morris und Koning (2016). Dazu zeichnen wir zwei Kreise, die wir dann in ein Venn-Diagramm vereinen. Der erste Kreis repräsentiert die gesamte Bevölkerung und der kleine schwarze Kreis mit A repräsentiert die 10 % der Bevölkerung, die tatsächlich die Grippe haben.

Kreis 1 (Abb. 2.1) sagt uns: Die Leute können die Grippe haben oder nicht. Der große Kreis repräsentiert die gesamte Bevölkerung und der kleine Kreis steht für die Personen, die tatsächlich die Grippe haben (in unserem Fall 10 %). So können wir sagen, dass die Wahrscheinlichkeit, dass die Leute die Grippe haben, 10 % beträgt. Die Grippe haben ist das Ereignis A, P steht für Probabilität (also Wahrscheinlichkeit), und so errechnen wir, dass die Probabilität, an der Grippe zu erkranken, $P(A) = 10$ % ist.

Im Kreis 2 (Abb. 2.2) fassen wir die zusätzlichen Informationen, die wir bekommen haben, zusammen. Die Fläche vom Kreis 2 steht für all die Leute, die die Symptome haben könnten (also triefende Nase, leichter Husten und Schüttelfrost), also wieder die gesamte Bevölkerung. Der kleine Kreis B repräsentiert

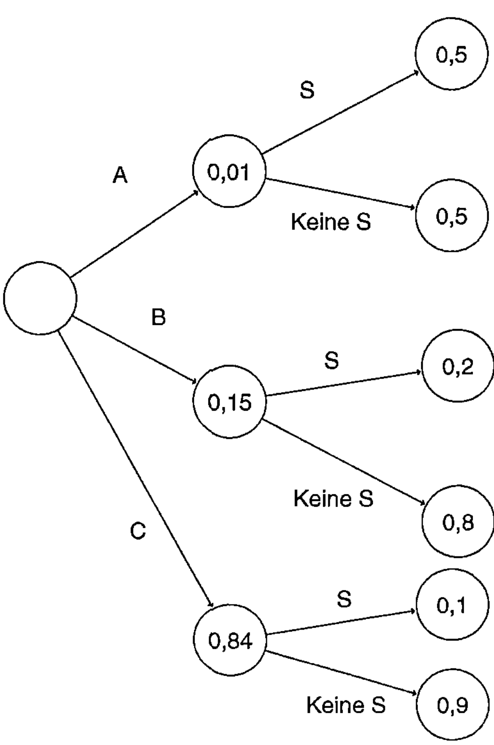

Abb. 2.1 Venn-Diagramm Grippe Kreis 1

Abb. 2.2 Venn-Diagramm
Grippe Kreis 2

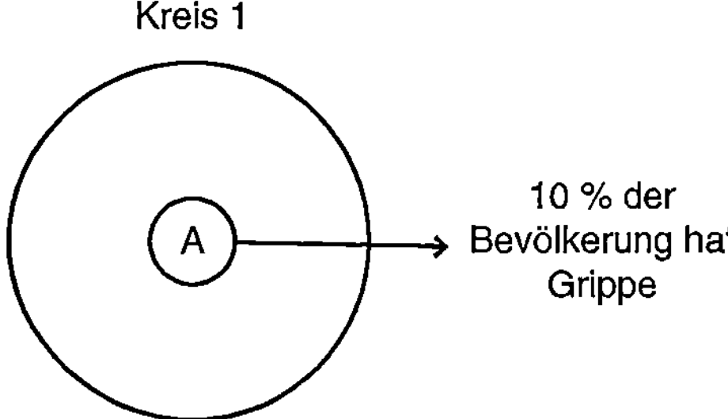

Abb. 2.3 Venn-Diagramm
Grippe Kreis 3

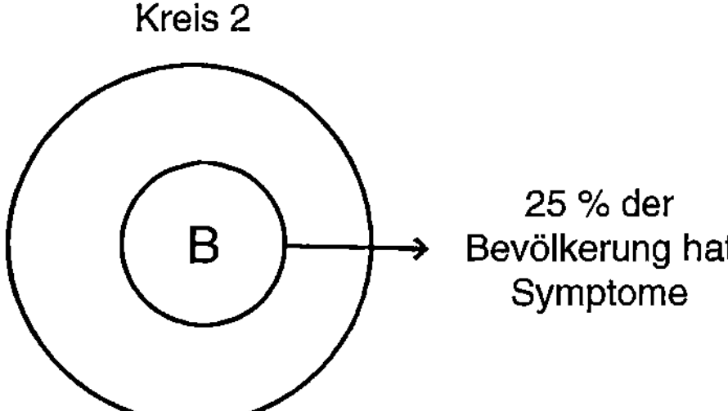

die Leute, die tatsächlich die Symptome haben, also 25 % der Bevölkerung. Die Wahrscheinlichkeit des Ereignisses B, die Symptome zu haben, beträgt also $P(B) = 25\,\%$.

Nun kombinieren wir Kreis 1 und 2 (Abb. 2.1 und 2.2) zu einem Venn-Diagramm, Kreis 3 (Abb. 2.3), um näher an den Satz von Bayes zu kommen.

Was sagt uns dieser dritte Kreis:

1. Die weiße Fläche des großen Kreises steht für den Teil der Bevölkerung, der weder die Symptome noch die Grippe hat.
2. Der Kreis A repräsentiert die an Grippe Erkrankten.
3. Der Kreis B repräsentiert den Teil der Bevölkerung, der an den genannten Symptomen leidet.
4. Die Schnittmenge von A und B (A∩B) repräsentiert die, die die Grippe haben und an den Symptomen leiden.

Wir suchen die Wahrscheinlichkeit, dass das Ereignis A eintritt („ich habe die Grippe", Ursache), wenn wir wissen, dass das Ereignis B eingetreten ist („ich habe eine triefende Nase, leichten Husten und Schüttelfrost", Wirkung), und das ist die bedingte Wahrscheinlichkeit. Wir schreiben also P(A|B): Wahrscheinlichkeit von A (Grippe) unter der Voraussetzung von B (Symptome). Visuell befindet sich das, was wir suchen, also dass man Symptome und Grippe hat, da, wo sich A und B schneiden (die Schnittmenge von A und B). Damit können wir die Frage beantworten. Und das finden wir mit der Formel von Bayes, die lautet:

$$P(A|B) = (P(B|A) * P(A))/P(B) \tag{2.1}$$

Dort steht Folgendes:

- P(A|B): die Wahrscheinlichkeit, dass Ereignis A eintritt, wenn Ereignis B eingetreten ist.
- P(B|A): die Wahrscheinlichkeit, dass Ereignis B eintritt, wenn Ereignis A eingetreten ist.
- P(A): die Wahrscheinlichkeit, dass Ereignis A eintritt.
- P(B): die Wahrscheinlichkeit, dass Ereignis B eintritt.

Für unser Beispiel gilt:

- P(A|B): die Wahrscheinlichkeit, dass man die Grippe hat, wenn die Symptome eingetreten sind. Dies suchen wir.

P(B|A): die Wahrscheinlichkeit, dass wir die Symptome haben, wenn wir an der Grippe erkrankt sind. In unserem Beispiel beträgt sie 90 % (also 0,9 in Dezimalzahlen).
P(A): die Wahrscheinlichkeit, dass man an der Grippe erkrankt. In unserem Beispiel gleich 10 % (also 0,1).
P(B): die Wahrscheinlichkeit, dass man die Symptome bekommt. In unserem Beispiel gleich 25 % (also 0,25 in Dezimale).

Jetzt müssen wir nur noch die Prozente in Dezimalform in die Formel einfügen:

$$P(A|B) = (0,9 * 0,1)/0,25 = 0,36 = 36\,\% \tag{2.2}$$

Also ist die Wahrscheinlichkeit, dass man, wenn man eine triefende Nase, leichten Husten und Schüttelfrost hat, eine Grippe hat, gleich 36 %. Mit dem Satz von Bayes konnten wir die Informationen nutzen, um mit diesem neuen Wissen die Wahrscheinlichkeit zu berechnen. Wir werden sehen, dass dieser Satz sehr nützlich ist, nicht nur um die Probabilität einer Grippe zu berechnen.

Die Versicherungsbranche lebt quasi von bedingter Wahrscheinlichkeit. Durch die ausführlichen Fragebögen, die man zum Beispiel für eine Lebensversicherung ausfüllen muss, erhält die Versicherung die notwendigen Informationen, um die Wahrscheinlichkeit zu berechnen, dass das Ereignis eintritt, etwa der Tod oder ein Unfall. Nur mit dieser Wahrscheinlichkeit ist es für die Versicherung möglich, den Preis der Prämie festzusetzen.

Auch während der Corona-Krise wurde der Satz von Bayes eingesetzt. Es gab zum Teil Engpässe bei den Labortests, mit denen Infizierte erkannt wurden. So wurde eine Software entwickelt, die durch das Internet erreichbar war, um Klarheit über einen Infektionsstatus zu schaffen. Und so funktionierte das Programm: In 20 Fragen werden Symptome und Risikofaktoren abgefragt. Am Ende liefert das Programm, u. a. mit Benutzung des Satzes von Bayes, eine wahrscheinliche Diagnose und berücksichtigt dabei 20.000 andere Erkrankungen. Laut dem Unternehmen, das die Software entwickelt hat *(Symptoma)*, liegt die Treffergenauigkeit bei 96,32 %. So konnte man eine Übersicht der aufkommenden örtlichen Covid-19-Hotspots geben. Dies war nützlich, um die Verbreitung der Infektion eindämmern und kontrollieren zu können.

Vereinfacht funktioniert die Krankheitsdiagnose wie folgt:

Zwei Krankheiten A und B können ein bestimmtes Symptom S hervorrufen. A sei eine seltene und gefährliche Krankheit und B eine häufige und harmlose Krankheit. Das Symptom S kann auch bei gesunden Menschen (C) auftreten. Wenn das Symptom bei jemandem aufgetreten ist, dann möchte man wissen, mit welcher Wahrscheinlichkeit diese Person welche Krankheit hat. Nehmen wir als Beispiel die Zahlen von Tab. 2.1 und die Erkrankungswahrscheinlichkeiten, beispielsweise in Tab. 2.2. Wir können also schließen, dass mit einer Wahrscheinlichkeit von 0,84 keine der beiden Krankheiten vorliegt (sondern C, gesunder Mensch). Mit diesen Zahlen können wir die gestellte Frage beantworten. Tab. 2.1 definiert die drei Zufallsprozesse A, B und C; Tab. 2.2 legt fest, mit welchen Wahrscheinlichkeiten sie auftreten. Das zugehörige Baumdiagramm sieht aus wie Abb. 2.4.

Bei Auftreten des Symptoms S sind die Wahrscheinlichkeiten, an A bzw. B erkrankt bzw. gesund zu sein, gemäß dem Bayesschen Satz (2.1) durch

Tab. 2.1 Beispiel von Zahlen einer Krankheit

Kategorie	Auftreten von S mit Wahrscheinlichkeit
A	0,5
B	0,2
C	0,1

Tab. 2.2 Wahrscheinlichkeiten einer Krankheit

Kategorie	Erkrankung erfolgt mit Wahrscheinlichkeit
A	0,01
B	0,15

Abb. 2.4 Baumdiagramm
Krankheit

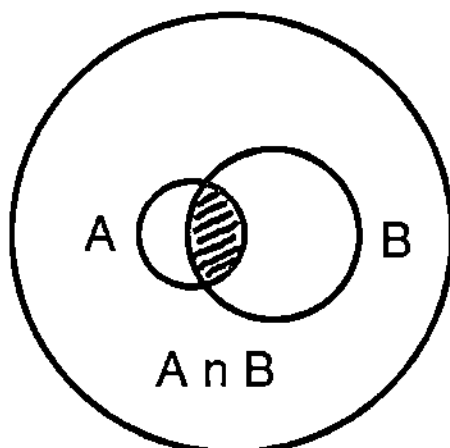

$$P(A)/P(A|S) = \frac{0,01 * 0,5}{0,01 * 0,5 + 0,15 * 0,2 + 0,84 * 0,1} \approx 0,042 \quad (2.3)$$

$$P(B)/P(B|S) = \frac{0,15 * 0,2}{0,01 * 0,5 + 0,15 * 0,2 + 0,84 * 0,1} \approx 0,252 \quad (2.4)$$

$$P(C)/P(C|S) = \frac{0,84 * 0,1}{0,01 * 0,5 + 0,15 * 0,2 + 0,84 * 0,1} \approx 0,706 \quad (2.5)$$

gegeben. Unser Patient muss also keine übermäßigen Bedenken haben (obwohl eine Abklärung sinnvoll wäre, denn von 1000 Patienten, bei denen das Symptom auftritt, werden ungefähr 40 tatsächlich an *A* erkrankt sein).

Nehmen wir das Beispiel, nach einem Gespräch mit dem Anlageberater Aktien kaufen zu wollen:

Sie überlegen, ob Sie eine bestimmte Aktie kaufen sollen. Sie denken, dass der Markt in einer Aufschwungphase ist und dass der Wert der Aktie in den nächsten drei Monaten mit einer Wahrscheinlichkeit von 95 % steigen wird; d. h. die Wahrscheinlichkeit eines Verlustes stufen Sie bei 5 % ein. Dann lesen Sie, dass ein sehr bekannter Analyst zur Schlussfolgerung gekommen ist, dass der Markt fallen wird. Jeder weiß, dass dieser talentierte Analyst in 80 % der Fälle recht behält. Sollten Sie jetzt die Aktien nicht kaufen, weil es zu riskant ist?

Wenn Sie den Satz von Bayes richtig anwenden, kommen Sie zu der Schluss-folgerung, dass trotz der negativen Prognose des Analysten die Wahrscheinlichkeit eines Verlustes bei 17 % liegt. Richtig anwenden bedeutet in diesem Fall, dass man die bedingte Wahrscheinlichkeit ausrechnen kann, dass der Kurs fällt unter der Annahme, dass Sie die Meinung des Analysten kennen sowie die Wahrscheinlichkeit dafür, dass er richtig liegt.

In Kap. 3 schauen wir uns zusätzliche Anwendungen des Satzes von Bayes im Bereich der Betriebswirtschaft und Finanzprognosen an.

Kurze Zusammenfassung:

- Die Formel von Bayes wurde im 18. Jahrhundert von Thomas Bayes „entdeckt".
- Die Formel von Bayes besagt, dass: $P(A|B) = (P(B|A) * P(A))/P(B)$
- Mit einem einfachen Baumdiagramm (s. Kap. 1) kann man die Formel von Bayes herleiten.

Anwendungen des Satzes von Bayes (das Bayes-Theorem und die Finanzmärkte)

3.1 Zufall und (außergewöhnliche) Geschichte

An den Finanzmärkten spielt der Zufall eine übergeordnete Rolle (auch wenn man das vor Finanzanalysten nie laut sagen sollte). Nicht von ungefähr werden die Finanzmärkte von einigen als das größte Casino der Welt bezeichnet. Und wo der Zufall eine große Rolle spielt, kann man auch die Wahrscheinlichkeitstheorien anwenden, und natürlich den Satz von Bayes, den wir in Kap. 2 im Detail beschrieben haben.

Unvorhersehbare Ereignisse sind keine Seltenheit an den internationalen Finanzplätzen. Auch Ereignisse, die komplett unvorstellbar scheinen, wie etwa die Finanzkrise im Jahr 2008. Kein einziger Analyst, kein einziger Experte aus den Wirtschaftswissenschaften prognostizierte eine der schlimmsten Krisen, die die Weltwirtschaft je erlebt hat. Auch die Wirtschaftskrise, die durch den Corona-Virus ausgelöst wurde, war komplett unvorhersehbar. Nasim Taleb (2009) schreibt in einem Essay über die Macht unwahrscheinlicher Ereignisse: „Der erstaunliche Erfolg von Google ist ein schwarzer Schwan, die Terrorattacken vom 11. September 2001 und globale Finanzkrisen ebenso, aber auch der Siegeszug des Internets: Wer hätte damit allen Ernstes vorher gerechnet?" Er erklärt uns die Macht dieser Ereignisse mit der Metapher des schwarzen Schwans: bevor jemals ein einziges Exemplar davon gesichtet wurde, glaubte man, dass alle Schwäne weiß wären: „Eine einzige Beobachtung kann eine allgemeine Feststellung, die von jahrtausendelangen bestätigten Sichtungen von Millionen weißer Schwäne abgeleitet wurde, ungültig machen. Alles, was dafür nötig ist, ist ein einziger schwarzer Schwan". Der letzte schwarze Schwan war die Covid-19-Pandemie,

P. Peyrolón, *Der Satz von Bayes,* essentials,
https://doi.org/10.1007/978-3-658-31023-3_3

und der daraus folgende Sturz der Weltwirtschaft. Nur der Satz von Bayes – und kein anderes Theorem der Wahrscheinlichkeitstheorie – kann die „schwarzen Schwäne" vorhersagen. Mit dem Wissen, dass es solche außergewöhnlichen Situationen in der Vergangenheit gegeben hat, könnte man durchaus den Satz von Bayes anwenden, um die Wahrscheinlichkeit solcher Ereignisse in der Zukunft zu berechnen. Das Schwierige ist nicht die Berechnung an sich, sondern die Wahrscheinlichkeiten, die man braucht, um das Theorem auf solche Art von Ereignissen anzuwenden.

An den Finanzmärkten ist man bis zu einem gewissen Grad auf die Geschichte fixiert, weil die Geschichte manchmal einfach vergessen wird. Technische Analyse, die für die Analyse der Finanzmärkte angewendet wird, basiert tatsächlich auf der Vergangenheit, um Zukunftsprognosen zu stellen.

## 3.2	Prognosen mit dem Satz von Bayes

Es gibt mehr und mehr Finanzanalysten, die einen Hintergrund in Mathematik und/oder Physik haben. Sie alle versuchen, mit höherer Mathematik Prognosen über das zukünftige Geschehen der Märkte zu berechnen. Dazu benötigen sie Daten aus der Vergangenheit. Die Finanzmärkte werden als ein sich immer wiederholendes Spiel betrachtet, in dem die Geschichte uns zu Zukunftsprognosen führt (bis ein schwarzer Schwan auftaucht, der so selten in der Geschichte aufgetreten ist, dass er in Vergessenheit geriet). So beschäftigt sich die technische Analyse mit grafischen und mathematischen Modellen, die auf vergangenen Zahlen basieren. Wenn die Finanzmärkte so einfach funktionieren würden, wie die technische Analyse es darstellt, dann könnte man leicht Prognosen stellen, indem man alle möglichen Daten der Vergangenheit sammelt. Aber die Finanzmärkte sind komplexer, und die Macht der technischen Analyse besteht nicht aus den mathematischen Modellen und Grafiken, sondern aus der Tatsache, wie viele Analysten und Investoren daran glauben. Je mehr Leute die technische Analyse nutzen, desto mehr Investoren treffen die gleichen Entscheidungen und es kommt zu einer selbsterfüllenden Prophezeiung: Die Vorhersage hat ihre Erfüllung selbst bewirkt. Die selbsterfüllende Prophezeiung ist ein psychologisches Phänomen, das unser eigenes Verhalten, aber auch das unserer Mitmenschen beeinflussen kann. Im Kern besagt eine selbsterfüllende Prophezeiung: Wenn wir ein bestimmtes Verhalten oder Ergebnis erwarten, tragen wir selbst dazu bei, dass dieses Verhalten oder Ergebnis auch wirklich eintritt. Solche Massenverhalten sind häufig an den Finanzmärkten, was auch die Popularität der technischen Analyse erklärt.

Man muss nicht viel über die Wahrscheinlichkeitstheorie wissen, um die Bayes-Formel für Finanzprobleme anwenden zu können. Mit intuitiven Prozessen kann man die Wahrscheinlichkeitsschätzungen der Bayes-Formel verfeinern. Wie bei der technischen Analyse hängt die Art und Weise, wie Unternehmen die Formel verwenden, von der Überzeugung historischer Häufigkeiten identischer oder ähnlicher Ereignisse ab. Das heißt, dass für die Finanzmodellierung mit dieser Methode die Messung des quantifizierten Wissens auf historischen Daten basiert, wie bei der technischen Analyse. Wenn wir die Bayes-Formel verwenden, wissen wir (s. Kap. 2), dass die bedingte Wahrscheinlichkeit eines zukünftigen unsicheren Ereignisses (z. B. wohin sich die Aktie von Apple bewegt) auf relevanten historischen Beweisen basiert. Das heißt, wenn Sie neue Informationen oder Beweise erhalten und die Wahrscheinlichkeit des Eintretens eines Ereignisses aktualisieren müssen, können Sie das Bayes-Theorem verwenden, um diese neue Wahrscheinlichkeit zu berechnen.

Das folgende Beispiel zeigt, wie dieses Konzept im Zusammenhang mit dem Aktienmarkt funktioniert:

Zinssätze haben einen enormen Einfluss auf die Finanzmärkte, weil – vereinfacht ausgedrückt – Zinsen der Preis des Geldes sind. Egal, ob es sich dabei um Devisen, Aktien oder Rohstoffe handelt, Veränderungen im offiziellen Zinssatz haben eine direkte Wirkung auf das Geschehen an den Märkten. Angenommen, wir möchten wissen, wie sich eine Änderung des offiziellen Zinssatzes auf den Wert eines Aktienindex auswirken würde, könnten wir den Satz von Bayes anwenden. Natürlich brauchen wir dazu historische Daten. Es steht für alle wichtigen Börsenindizes eine Vielzahl historischer Daten zur Verfügung, die man für die Bayes-Formel verwenden kann.

Die Tab. 3.1 zeigt den Zusammenhang zwischen einem Aktienindex und den Zinssätzen (dieses Modell ist absichtlich vereinfacht dargestellt, um die Grundgedanken der Verwendung des Bayes-Theorems zu erläutern). Zinsen sowie der Index können steigen oder sinken. Die Zentralbank oder Federal Reserve (für die USA) entscheiden über den offiziellen Zinssatz (die Europäische Zentralbank für die Euroländer). In den Zellen der Tab. 3.1 finden wir die Häufigkeiten von

Tab. 3.1 Zusammenhang zwischen offiziellen Zinsen und Aktienindex

Aktienindex/Zinsen	Senkung	Erhöhung	Einheitsfrequenz
Senkung	250	950	1200
Erhöhung	750	50	800
Anzahl Beobachtungen	1000	1000	2000

Bewegungen im Index im Zusammenhang mit der Kombination beider Aktionen (Erhöhung und Senkung von Zinsen). In der ersten Zelle steht beispielsweise 250, was bedeutet, dass bei der Senkung des Zinssatzes der Aktienindex auch 250-mal gesunken ist. Dafür ist der Index 750-mal gestiegen, als es eine Senkung der Zinsen gab. In der letzten Zeile steht die Anzahl der Beobachtungen, die man vorgenommen hat (insgesamt 1000). Die letzte Spalte zeigt die Summe der respektiven Bewegungen (Erhöhung oder Senkung) des Aktienindex.

Anwendung der Formel von Bayes:
Die Tab. 3.1 zeigt, dass der Aktienindex in 1200 von 2000 Beobachtungen gesunken ist. Das entspricht einem Anteil von 60 %, also (1200/2000)*100 (siehe Kap. 1). 60-mal von 100 Malen ist der Aktienindex gesunken, laut der historischen Daten. Wir wollen diese Wahrscheinlichkeit jedoch aktualisieren, denn sie berücksichtigt Informationen über die Zinssätze nicht. Wir verwenden jetzt die Formel und kommen zu dem Ergebnis, dass der Aktienindex um ca. 95 % gesunken ist, wenn die Zinsen gestiegen sind.

Dieses Beispiel zeigt uns, dass wir historische Daten verwenden können, um bestimmte Vorüberzeugungen oder Vorurteile zu stützen oder fallen zu lassen. In diesem Fall kannten wir die Wahrscheinlichkeiten genau, aber was passiert, wenn man die Wahrscheinlichkeit nicht kennt, oder nicht genügend Beobachtungen zur Verfügung hat, um eine repräsentative Statistik zusammenzustellen? Man kann die Intuition verwenden und eine hypothetische Wahrscheinlichkeit aufstellen. Mit Intuition meine ich auch präzises Wissen und fachspezifische Kenntnisse über die Frage, von der man eine Arbeitshypothese bilden will. Man kann sie auch mit Aussagen aus der Theorie kombinieren. Zum Beispiel wissen wir aus der Wirtschaftstheorie, dass eine Zinserhöhung in der Regel zu einer Senkung der Aktienindizes führen sollte. Vereinfacht erklärt geschieht dies, weil sich durch die Zinserhöhung die Kosten für Kredite für Unternehmen und Konsumenten erhöhen. Das zieht womöglich weniger Konsum und weniger Gewinn für die Unternehmen mit sich, ist also eine negative Prognose. Diese vorhergesehene hemmende Zukunft führt zu einer Senkung der Aktienpreise und somit zu einer Senkung des Aktienindex. Mit dieser Information und den Expertenbewertungen kann man eine Hypothese aufstellen, um die Wahrscheinlichkeit zu berechnen. Natürlich ist dies nicht perfekt, da man die Wahrscheinlichkeit nicht genau kennt, aber es ist immerhin besser als eine einfache Schätzung der Werte. Wir dürfen nicht vergessen, dass Finanzprognosen wegen der vielen Variablen und deren komplexen Zusammenhänge schwierig sind. Wie wir gesehen haben, sind Finanzmärkte ein chaotisches System, ähnlich wie das Wetter (s. Kap. 1), und dementsprechend sind Vorhersagen mit Vorsicht zu genießen. Niemand kann vorhersagen, welches Wetter es am 15. Juli 2021 in Chicago geben wird, man kann aber durchaus sagen, dass es höchstwahrscheinlich warm sein wird, weil der Juli in Chicago ein Sommermonat ist und die Geschichte uns sagt, dass Chicago im Juli warm ist. So kann man auch über Tendenzen bei einem Aktienindex sprechen und Annäherungen an bestimmte Werte voraussagen (dies gilt natürlich für alle Finanzmärkte).

Für viele Analysten ist das Verständnis von Wahrscheinlichkeiten ein wesentlicher Bestandteil ihres Ansatzes. Nicht wenige haben sich entschlossen, die Preisbewegung des Marktes anhand von Wahrscheinlichkeiten vorherzusagen. Man kann auch Berechnungen machen mit Variablen, die von Zinsen abhängig sind, und nicht nur mit den Aktienindizes. So wird der Satz von Bayes etwa für Prognosen über Kosten der Finanzierung bei Unternehmen eingesetzt, oder für die Berechnung von Zahlen, die die Wirtschaftlichkeit und Effizienz eines Unternehmens darstellen.

Prognosen über Preise sind auch sehr beliebt für die Anwendung der Bayes-Regel, sei es Vorhersagen vom allgemeinen Preisniveau oder von bestimmten Produktionsfaktoren, die wichtig für Unternehmen sind, wie z. B. Rohstoffpreise. Die Bayes-Methode ist empirisch erprobt für viele Arten von Finanzprognosen.

Kreditunternehmen sowie Versicherungen benutzen die Bayes-Methode auch, um über Kreditvergaben zu entscheiden. Nach dem bedingten Wahrscheinlichkeitsmodell des Bayes-Theorems können Finanzunternehmen bessere Entscheidungen treffen und das Risiko einer Kreditvergabe an unbekannte oder sogar bestehende Kreditnehmer besser bewerten. Zum Beispiel kann ein bestehender Kunde bereits gute Erfahrungen mit der Rückzahlung von Krediten gemacht haben, aber in letzter Zeit hat der Kunde nur langsam gezahlt. Diese zusätzlichen Informationen, basierend auf der Wahrscheinlichkeitstheorie, können das Unternehmen dazu veranlassen, die langsame Zahlungshistorie als rote Fahne zu behandeln und entweder die Zinssätze für das Darlehen erhöhen oder es insgesamt ablehnen. Versicherungen benutzen die Bayes-Methode nicht nur für die Analyse von Kunden, auch bei Erdbeben- oder Überflutungsberechnungen kommt sie zum Einsatz.

3.3   Anwendungen in den Wirtschaftswissenschaften

Wie wir zuvor gesehen haben, lässt sich der Satz von Bayes sehr gut in den Wirtschaftswissenschaften einsetzen. Die Ungewissheit bei vielen volks- und betriebswirtschaftlichen Problemen lässt sich anhand der Regel von Bayes minimieren, wenn auch nicht gleich eliminieren. Schauen wir uns ein konkretes Beispiel eines Betriebs an, der Wasserflaschen herstellt.

Beispiel: Produktion von Wasserflaschen

Ein Unternehmen hat eine Fabrik in Österreich mit drei Maschinen, A, B und C, die Wasserflaschen herstellen. Maschine A produziert 40 % der Gesamtmenge, Maschine B 30 % und Maschine C auch 30 %. Es ist auch bekannt, dass jede Maschine fehlerhafte Flaschen in der Gesamtproduktion produziert: Maschine A 2 % der fehlerhaften Flaschen, Maschine B 3 % und Maschine C 5 %. Es stellen sich jedoch zwei Fragen:

1. Wenn eine Wasserflasche aus dieser österreichischen Fabrik kommt, wie hoch ist die Wahrscheinlichkeit, dass die Flasche defekt ist?
2. Und jetzt die interessantere Frage: Wenn man eine Flasche gekauft hat, und diese kaputt ist, wie hoch ist die Wahrscheinlichkeit, dass sie von Maschine A, B oder C hergestellt wurde?

1. Für die erste Frage benötigen wir nicht den Satz von Bayes, wir benötigen nur die einfachen Wahrscheinlichkeitsregeln, die wir in Kap. 1 gesehen haben. Die Gesamtwahrscheinlichkeit wird berechnet aus den verschiedenen Ereignissen (in diesem Fall sind es die drei Maschinen mit den entsprechenden Fehlerquoten), die zu einer defekten Wasserflasche führen. Da die Maschinen verschiedene Mengen an Wasserflaschen produzieren, müssen wir die verschiedenen Wahrscheinlichkeiten für einen Defekt an diese Teilmenge der Gesamtmenge anpassen. Mit den Zahlen wird es deutlicher:

$$P(D) = [\,P(A) \times P(D/A)\,] + [\,P(B) \times P(D/B)\,] + [\,P(C) \times P(D/C)\,]$$
$$= [\,0{,}4 \times 0{,}02\,] + [\,0{,}3 \times 0{,}03\,] + [\,0{,}3 \times 0{,}05\,] = 0{,}032 \tag{3.1}$$

P(D) steht für die Wahrscheinlichkeit, dass eine Flasche aus der österreichischen Fabrik mit einem Defekt produziert wird. Für jede Maschine berücksichtigen wir den Anteil an der Gesamtproduktion, der mit dieser Maschine produziert wird: so sind es zum Beispiel bei Maschine A 40 % der Gesamtproduktion mit einer Quote von 2 % an fehlerhaften Flaschen, d. h. wir müssen 0,4 * 0,2 berechnen. Für jede Maschine machen wir das Gleiche und addieren die Ergebnisse. Und so kommen wir zum Endergebnis von 0,032, also 3,2 % der Flaschen haben einen Fehler. Mit dem passenden Baumdiagramm können wir es einfacher veranschaulichen (Abb. 3.1)

2. Die zweite Frage ist schon etwas komplizierter. Um sie zu beantworten, benötigen wir den Satz von Bayes. Nehmen wir an, dass wir eine kaputte Flasche finden, und jetzt wollen wir wissen, mit welcher Wahrscheinlichkeit diese Flasche aus Maschine A, B oder C stammt. Wir erkennen sofort, dass wir das Bayes-Theorem anwenden müssen, weil wir eine zusätzliche Vorinformation bekommen haben, nämlich, dass die Flasche kaputt ist. Mit der gegebenen Information müssen wir nur noch die Zahlen in der Formel von Bayes einsetzen:

Abb. 3.1 Maschinen und
Flaschen

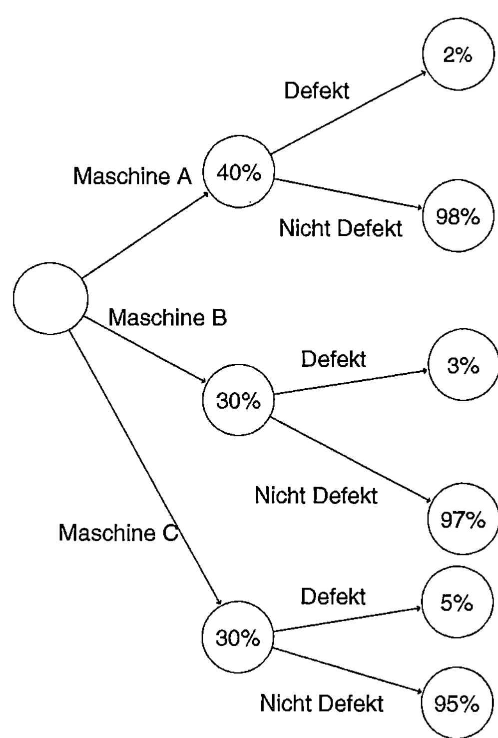

$$P(A/D) = [P(A) \times P(D/A)] / P(D) = [0{,}40 \times 0{,}02] / 0{,}032 = 0{,}25 \quad (3.2)$$

$$P(B/D) = [P(B) \times P(D/B)] / P(D) = [0{,}30 \times 0{,}03] / 0{,}032 = 0{,}28 \quad (3.3)$$

$$P(C/D) = [P(C) \times P(D/C)]/P(D) = [0{,}30 \times 0{,}05]/0{,}032 = 0{,}47 \quad (3.4)$$

Zusammengefasst: In dem Wissen, dass eine Flasche defekt ist, beträgt die Wahrscheinlichkeit, dass sie von Maschine A hergestellt wurde, 25 %; dass sie von Maschine B hergestellt wurde 28 %; und dass sie von Maschine C hergestellt wurde 47 %.

Bei diesem Beispiel wird die Idee des Satzes von Bayes deutlich: Er wird verwendet, um die Wahrscheinlichkeit eines Ereignisses zu berechnen, wobei zuvor Informationen über dieses Ereignis vorliegen (etwa: die Flasche ist kaputt). Das Bayes-Theorem besagt, dass wir die Wahrscheinlichkeit eines Ereignisses

A berechnen mit dem Wissen, dass A ein bestimmtes Merkmal erfüllt, das seine Wahrscheinlichkeit bedingt. So versteht der Bayes-Satz die Wahrscheinlichkeit umgekehrt zum Gesamtwahrscheinlichkeitssatz. Der Gesamtwahrscheinlichkeitssatz leitet von den Ergebnissen der Ereignisse A auf ein Ereignis B ab. Bayes berechnet seinerseits die Wahrscheinlichkeit von A, die auf B konditioniert ist. Es ist eine andere Art, um das zu verdeutlichen, was wir in Kap. 1 und 2 über Ursache und Wirkung geschrieben haben. Schauen wir uns dies im Diagramm näher an (Abb. 3.2).

Man kann wie folgt denken: Der Satz von Bayes ist eine Erweiterung der bedingten Wahrscheinlichkeit. Manchmal kann es jedoch unklar sein, wann wir den Satz von Bayes und wann wir die bedingte Wahrscheinlichkeit verwenden sollen. Folgende praktische Regel erlaubt es uns, den Unterschied zu erkennen und wann man die eine (Satz von Bayes) oder die andere (bedingte Wahrscheinlichkeit) Formel anwenden muss. Mit der vorherigen Darstellung (Abb. 3.2) möchten wir Folgendes wiedergeben: wenn bekannt ist, dass ein Ereignis bereits eingetreten ist, und wir eine Wahrscheinlichkeit ausrechnen wollen, dann müssen wir die bedingte Wahrscheinlichkeit benutzen, indem wir uns (gedanklich) im Baumdia-

Abb. 3.2 (Ursache und Wirkung) und (Wirkung und Ursache)

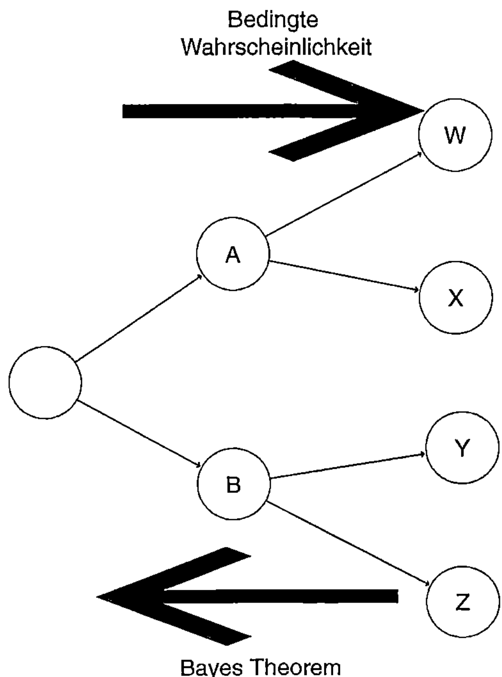

gramm (Abb. 3.2) von links nach rechts bewegen. Beispiel: Wenn die Einheit von Maschine A hergestellt wurde, wie hoch ist die Wahrscheinlichkeit, dass sie gut ist? Wenn wir aber eine Bedingung haben, dann müssen wir den Satz von Bayes anwenden und können diese berechnen, indem wir uns im Diagramm (Abb. 3.2) von rechts nach links bewegen. Beispiel: Wenn die erzeugte Einheit schlecht ist, wie hoch ist die Wahrscheinlichkeit, dass A sie erzeugt hat? Deswegen sind Baumdiagramme auch so nützlich, um diese Art von Problemen zu lösen.

Schauen wir uns ein Beispiel an, wo ein Unternehmen ein neues Spielzeug auf den Markt bringen möchte.

Beispiel: Kommunikationsstrategie und neues Spielzeug auf dem Markt.
Ein Unternehmen prüft die Möglichkeit, ein neues Spielzeug für die Weihnachtszeit auf den Markt zu bringen. In der Vergangenheit wurden 45 % der Spielzeuge, bei denen es sich um Innovationen auf dem Markt handelte, als gänzlich erfolgreich betrachtet, 35 % als mäßig erfolgreich eingestuft und 20 % verursachten Verluste. Vor der Entscheidung zur Markteinführung wird eine Marktforschungsfirma beauftragt, die Studie durchzuführen, um festzustellen, ob das zu lancierende Produkt erfolgreich sein wird oder nicht. Diese Marktforschungsfirma hat eine Quote von 75 % Erfolgen, was bedeutet, dass in 75 % ihrer Analysen das Spielzeug als erfolgreich bewertet worden ist und dann tatsächlich erfolgreich oder mäßig erfolgreich war. In den restlichen 25 % der Fälle sagte die Marktforschungsfirma ebenfalls, dass das Spielzeug erfolgreich sein würde, aber dann stellte es sich als Flop auf dem Markt heraus, mit hohen Verlusten für das Unternehmen. Nun zu den Fragen:

1. Wie wahrscheinlich ist es, dass das Marktforschungsunternehmen ein erfolgreiches Produkt meldet?
2. Wenn das Unternehmen ein erfolgreiches Produkt gemeldet hat, wie hoch ist dann die Wahrscheinlichkeit, dass es auch ein erfolgreiches Spielzeug wird?

Die Ereignisse sind wie folgt definiert:

ER	Spielzeug mit hohem Erfolg.
EM	Spielzeug mit mäßigem Erfolg.
Fl	das Spielzeug wird ein Flop.
MER	das Marktforschungsunternehmen sagt, dass das Spielzeug ein Erfolg sein wird.
MFl	das Marktforschungsunternehmen sagt, dass das Spielzeug keinen Erfolg haben wird

1. Um die erste Frage zu beantworten, betrachten wir das Baumdiagramm (Abb. 3.3). Dort sehen wir, dass es drei Situationen gibt, in denen das Marktforschungsunternehmen Erfolg meldete: Wenn es einen durchschlagenden Erfolg gab, im Falle von mäßigem Erfolg und bei einem Misserfolg. Um die Wahrscheinlichkeit auszurechnen, dass das Marktforschungsunternehmen einen Erfolg meldet, müssen wir all diese Wahrscheinlichkeiten miteinbeziehen, also:

$$P(MER) = P(MER/ER) * P(ER) + P(MER/EM) * P(EM) * P(MER/FL) * P(FL)$$
$$(3.5)$$

$$P(MER) = 0{,}75 * 0{,}45 + 0{,}75 * 0{,}35 + 0{,}25 * 0{,}20 = 0{,}65 \quad (3.6)$$

In 65 % der Fälle wird das Marktforschungsunternehmen sagen, dass das Produkt sehr erfolgreich oder einen mäßigen Erfolg haben wird.

2. In Frage 2 wissen wir von vornherein, dass das Marktforschungsunternehmen zum Schluss gekommen ist, dass das Spielzeug erfolgreich sein wird und wir fragen uns, mit welcher Wahrscheinlichkeit das Produkt tatsächlich erfolgreich

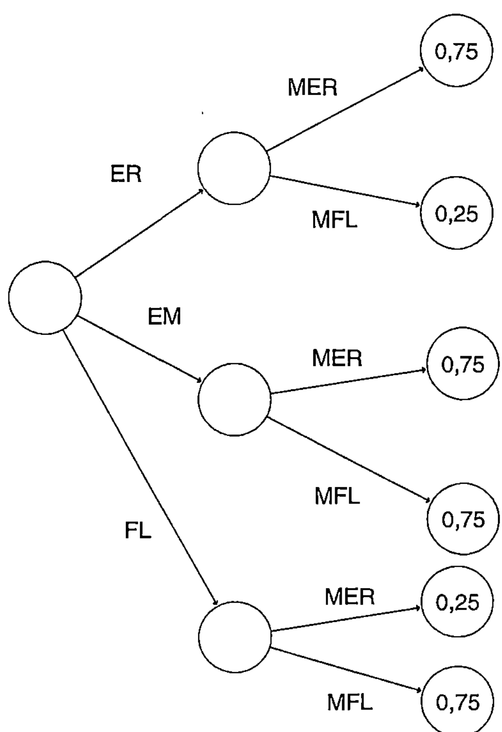

Abb. 3.3 Baumdiagramm Spielzeug

sein wird. Wir haben eine Vorinformation, also bietet sich die Regel von Bayes an. Wenn wir die Baumdiagrammregel berücksichtigen, die wir oben beschrieben haben, d. h. eine Bewegung von rechts nach links im Baumdiagramm, dann wissen wir Bescheid, dass wir tatsächlich den Satz von Bayes verwenden müssen (siehe Abb. 3.2), um die richtige Antwort zu erhalten. Bei der Anwendung würden wir auf Folgendes kommen:

$$P((ER \ u \ EM)/MER) = (PMER/ER) * (P(ER) + P(MER/EM) * P(EM))/P(MER)$$
$$= \frac{0{,}75 * 0{,}45 + 0{,}75 * 0{,}35}{0{,}65} = 0{,}9231$$

$$(3.7)$$

In 92 % der Fälle, in denen das Marktforschungsunternehmen von einem Erfolg spricht, wird das Spielzeug tatsächlich erfolgreich sein oder einen mäßigen Erfolg erzielen. Wir sehen, dass dies eine sehr praktische Anwendung des Satzes von Bayes ist.

Kurze Zusammenfassung
- Geschichte spielt eine wesentliche Rolle für Finanzprognosen.
- Vorinformationen verändern die ursprüngliche Arbeitshypothese und ermöglichen die Anwendung des Satzes von Bayes.
- Baumdiagramme helfen bei der Frage, wann der Satz von Bayes angewandt werden soll.

Was Sie aus diesem *essential* mitnehmen können

- Zufall spielt eine große Rolle beim Funktionieren einer Wirtschaft und bei der Evolution der Finanzmärkte.
- Um mit dem Zufall zu arbeiten, bedienen wir uns der Wahrscheinlichkeitstheorie.
- Schon eine einfache Formel wie die der bedingten Wahrscheinlichkeit erlaubt uns nützliche Berechnungen.
- Der Satz von Bayes wird in einer einzigen Formel zusammengefasst, die es uns ermöglicht, zusätzliche Informationen einzuberechnen.

P. Peyrolón, *Der Satz von Bayes,* essentials,
https://doi.org/10.1007/978-3-658-31023-3

Literatur

Klein S (2005) Alles Zufall: Die Kraft die unser Leben bestimmt. Rowohlt, Reinbeck bei Hamburg
Taleb NN (2009) Der Schwarze Schwan: Die Macht höchstunwahrscheinlicher Ereignisse. Hanser, München
Taleb NN (2013) Kleines Handbuch für den Umgang mit Unwissen. Knaus, München

Weiterführende Literatur

Bosch K (2010) Einführung in die Wahrscheinlichkeitsrechnung. Vieweg+Teubner, Wiesbaden
Randow G (2006) Das Ziegenproblem. Denken in Wahrscheinlichkeiten. Rowohlt, Reinbeck bei Hamburg
Strick HK (2018) Einführung in die Wahrscheinlichkeitsrechnung: Stochastik Kompakt. Springer Gabler, Wiesbaden
Taschner R (2007) Zahl, Zeit, Zufall. Alles Erfindung. Ecowin, Salzburg